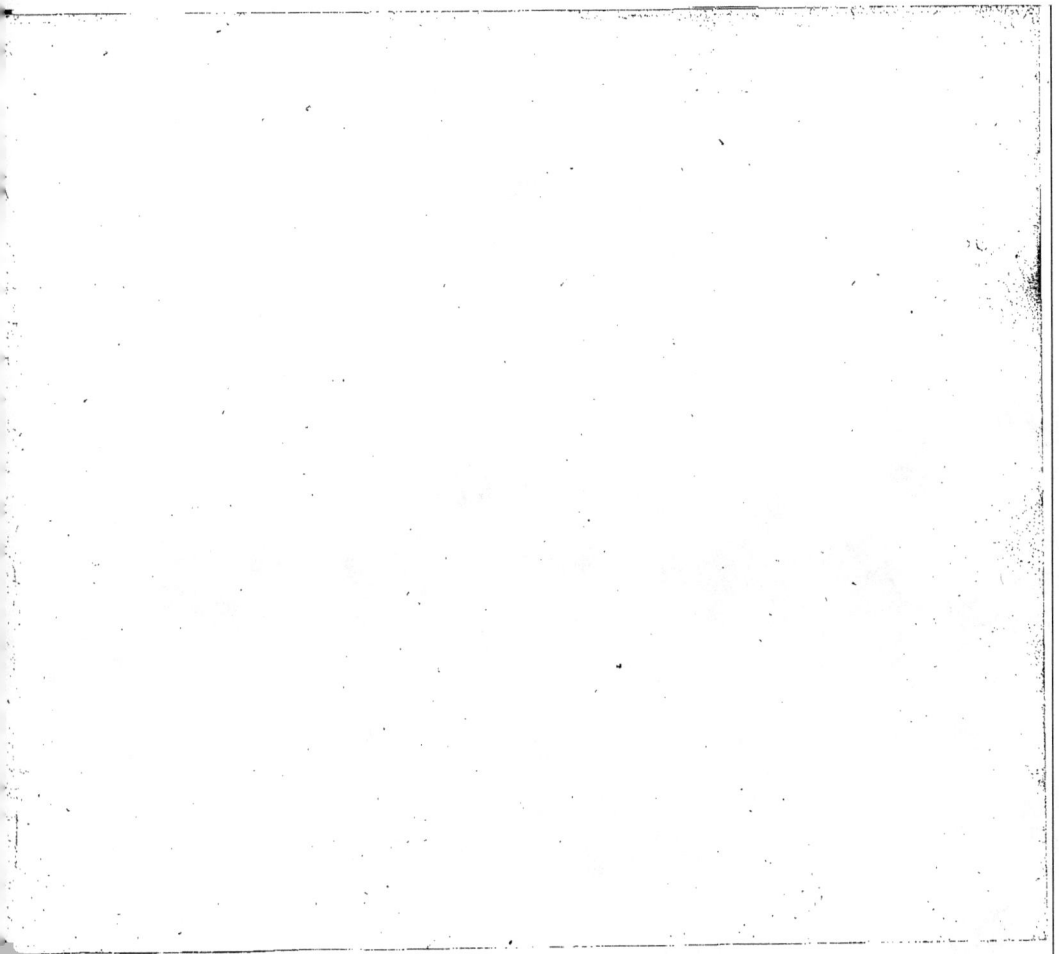

CONCORDANCE

DU CALENDRIER GRÉGORIEN

AVEC LE CALENDRIER ÉQUINOXIAL;

PRÉCÉDÉE 1°. d'un Extrait du décret du 4 frimaire an II, qui a établi le Calendrier Équinoxial;

2°. Du Sénatus-Consulte du 22 fructidor an XIII, qui rétablit l'usage du Calendrier Grégorien;

3°. Du Décret Impérial du 24 fructidor an 13, relatif au rétablissement du Calendrier Grégorien;

4°. D'Observations sur les Tables de la Concordance, indiquant la manière de s'en servir.

PAR P. J. H. ALLARD,

Membre du Collége Électoral du département de Seine-et-Oise; Inspecteur suppléant et Premier Commis de la Direction des Contributions du département de la Seine.

PRIX, 75 centimes.

L'IMPRIMERIE BIBLIOGRAPHIQUE

AN XIV — 1805.

...emplaires ont été déposés à la Bibliothèque Impériale.

SE VEND A PARIS,

L'AUTEUR, rue Culture Ste.-Catherine, hôtel Carnavalet, n. 27.
L'IMPRIMERIE BIBLIOGRAPHIQUE, rue Gît-le-Cœur ;
CHEZ MAGIMEL, quai des Augustins, n.º 73,
DELAUNAY, Palais du Tribunat.
Et chez tous les Libraires et Marchands de Nouveautés.

CONCORDANCE

DU CALENDRIER GRÉGORIEN,

AVEC LE CALENDRIER ÉQUINOXIAL.

Extrait du Décret portant établissement du Calendrier Équinoxial.

Du 4 frimaire an II.

ARTICLE Ier. L'Ère des Français compte de la fondation de la République, qui a eu lieu le 22 septembre 1792 de l'Ère vulgaire, jour où le soleil est arrivé à l'équinoxe vrai d'automne en entrant dans le signe de la Balance, à 9 heures 18 minutes 30 secondes du matin, pour l'Observatoire de Paris.

II. L'Ère vulgaire est abolie pour les usages civils,

III. Chaque année commence à minuit, avec le jour où tombe l'équinoxe vrai d'automne pour l'Observatoire de Paris.

IV. La première année de la République française a commencé à minuit le 22 septembre 1792, et a fini à minuit, séparant le 21 du 22 septembre 1793.(1).

V. La seconde année a commencé le 22 septembre 1793 à minuit, l'équinoxe vrai d'automne étant arrivé

ce jour-là, pour l'Observatoire de Paris, à 3 heures 11 minutes 38 secondes du soir.

VI. Le Décret qui fixoit le commencement de la seconde année au 1er. janvier 1793, est rapporté ; tous les actes datés l'an second de la République, passés dans le courant du 1er. janvier au 21 septembre inclusivement, sont regardés comme appartenant à la première année de la République.

VII. L'année est divisée en douze mois égaux, de trente jours chacun. Après les douze mois, suivent cinq jours pour compléter l'année ordinaire : ces cinq jours n'appartiennent à aucun mois.

VIII. Chaque mois est divisé en trois parties égales, de dix jours chacunes, qui sont appelées *décades.*

IX. Les noms des jours de la décade, sont : *primedi, duodi, tridi, quartidi, quintidi, sextidi, septidi, octidi, nonidi, décadi.*

Les noms des mois sont, pour l'automne : *vendémiaire, brumaire, frimaire ;*

---

(1) Le Décret qui a fixé la *nouvelle Ère* n'étant que du 4 frimaire an II, il s'ensuit que les tables de la concordance ne doivent commencer qu'avec l'an II, puisque ce n'est que depuis cette époque que l'on a pu se servir du nouveau calendrier.

Pour l'hiver : *nivose, pluviose, ventose* ;

Pour le printemps : *germinal, floréal, prairial* ;

Pour l'été : *messidor, thermidor, fructidor* ;

Les cinq derniers jours s'appellent les *sans-culo-tides* (1).

X. L'année ordinaire reçoit un jour de plus, selon que la position de l'équinoxe le comporte, afin de maintenir la coïncidence de l'année civile avec les mouvemens célestes. Ce jour, appellé *jour de la Révo-*

_____

(1) Depuis plusieurs années, on les nomme *jours complémentaires.*

lution, est placé à la fin de l'année, et forme le sixième des *sans-culotides* (1).

_____

(1) Quelque désagréables que soient ces noms, *jour de la Révolution, sans-culotides,* on n'a point cru pouvoir se dispenser de les rappeler dans cette Concordance. Lorsque dans quelques années on trouvera un acte daté *du jour de la Révolution, 6ᵉ des sans-culotides an III,* au moyen de l'Extrait ci-dessus, on verra facilement dans les Tables de la Concordance, que cette date, qui paroîtra alors encore bien plus extraordinaire qu'aujourd'hui, correspondoit au mardi 22 septembre 1795 ; mais si les dispositions de l'art. X du decret du 4 frimaire an II, n'étoient point rapportées, il semble qu'en avançant un peu dans l'avenir, on pourroit être fort embarrassé pour savoir à quelle date rapporter *le jour de la Révolution an III.*

SÉNATUS-CONSULTE qui rétablit l'usage du Calendrier Grégorien.

Du 22 fructidor an XIII.

LE SÉNAT-CONSERVATEUR, réuni au nombre de membres prescrit par l'art. XC de l'acte des constitutions du 22 frimaire an VIII ;

Vu le projet de sénatus-consulte, rédigé en la forme prescrite par l'art. LVII de l'acte des constitutions du 16 thermidor an X.

Après avoir entendu, sur les motifs dudit projet, les orateurs du Gouvernement et le rapport de la commission spéciale nommée dans la séance du 15 de ce mois, décrète ce qui suit :

ARTICLE Iᵉʳ. A compter du 11 nivose prochain, 1ᵉʳ. janvier 1806, le Calendrier Grégorien sera mis en usage dans tout l'Empire français.

II. Le présent sénatus-consulte sera transmis par un message à S. M. I.

Les président et secrétaires,

Signé, FRANÇOIS (de Neufchâteau), *président* ;

COLAUD et PORCHER, *secrétaires.*

Vu et scellé,

Le chancelier du sénat, signé LAPLACE.

Motifs du sénatus-consulte présenté au Sénat-Conservateur, dans sa séance du 15 fructidor; par MM. REGNAUD de St.-Jean-d'Angely et MOUNIER, Orateurs du Gouvernement.

MESSIEURS,

Tous les changemens, toutes les réformes que la politique a approuvés lorsque le génie les a conçus, que les mœurs ont sanctionnés lorsque les lois les ont consacrés, que les nations étrangères commenceront par envier et finiront par emprunter à la nation française, sont et seront toujours soigneusement maintenus par l'administration, fortement protégés par le Gouvernement.

Tel est, par exemple, l'établissement des nouveaux poids et mesures, que défendront toujours contre la routine, l'obstination ou l'ignorance, l'unanimité de l'opinion des savans, la base invariable de leur travail, la nature même de cette base, qui est commune à toutes les nations, les avantages de la division pour les calculs, enfin le besoin de l'uniformité pour l'Empire, et tôt ou tard le besoin de l'uniformité pour le Monde.

Mais parmi les établissemens dont l'utilité a été niée, dont la perfection a été contestée, dont les avantages sont demeurés douteux, il n'en est point qui ait éprouvé de contradiction plus forte, de résistance plus opiniâtre que le nouveau calendrier décrété le 5 octobre 1793, et régularisé par la loi du 4 frimaire an II.

Il fut imaginé dans la vue de donner aux Français un calendrier purement civil, et, qui, n'étant subordonné aux pratiques d'aucun culte, convînt également à tous.

Cependant quand la première idée de la division décadaire fut proposée au nom du comité d'instruction publique de la Convention, à un comité de géomètres et d'astronomes pris dans l'Académie des sciences, cette innovation fut unanimement désapprouvée et combattue par des raisons qu'il est inutile de rappeler, puisque la division par semaines est déjà rétablie, et que l'opposition des savans portoit sur la difficulté et les inconvéniens de sa suppression.

Cette substitution de la semaine à la décade a déjà fait perdre au calendrier français un de ses avantages les plus usuels, c'est-à-dire, cette correspondance constante entre le quantième du mois et celui de la décade. En effet, le nombre 7 n'étant diviseur, ni des nombres des jours du mois, ni de celui des jours de l'année, il est impossible, dans le calendrier français qui en cela ressemble à tous les autres, d'établir une régle tant soit peu commode pour trouver le quantième du mois par celui de la semaine, ou réciproquement.

Les avantages qui restent encore au calendrier français, ne seroient pas pourtant à dédaigner : la longueur uniforme des mois composés constamment de 30 jours, les saisons qui commencent avec le mois, et ces terminaisons symétriques qui font apercevoir à quelle saison chaque mois appartient, sont des idées simples et commodes qui assureroient au calendrier français une préférence incontestable sur le calendrier romain, si on les proposoit aujourd'hui tous deux pour la première fois, ou pour mieux dire, personne n'oseroit aujourd'hui proposer le calendrier romain, s'il étoit nouveau.

Dans le calendrier français, on voit une division sage et régulière, fondée sur la connoissance exacte de l'année et du cours du soleil, tandis que dans le calendrier romain on voit, sans aucun ordre, des mois de 28, 29, 3o et 31 jours, des mois qui se partagent entre des saisons différentes ; enfin, le commencement de l'année y est fixé, non pas à un équinoxe ou à un solstice, mais 9 ou 10 jours après le solstice d'hiver.

Dans ces institutions bizarres on trouve l'empreinte des superstitions et des erreurs qui ont successivement entravé ou même dirigé les réformateurs successifs du Calendrier Numa, Jules-César et Grégoire XIII.

C'est, par exemple, pour ne rien ajouter à la longueur d'un mois consacré aux mânes et aux expiations que février n'eut que 28 jours ; c'est pour d'autres raisons aussi vaines que Numa avoit fait tous les autres mois d'un nombre impair de jours.

C'est par respect pour ces préjugés, et pour ne pas déplacer certaines fêtes, que Jules-César, en corrigeant la longueur de l'année solaire, ne toucha point au mois de février, ce qui lui donnoit 7 jours à répartir entre les onze autres mois ; et c'est de-là qu'est venue la nécessité d'avoir plusieurs mois de 31 jours de suite, comme ceux de juillet et août, décembre et janvier.

Enfin c'est parce que le concile de Nicée, où l'on ignoroit la vraie longueur de l'année et l'anticipation des équinoxes dans le calendrier Julien, avoit établi pour la célébration de la Pâque, une règle devenue impraticable par le laps du temps ; et c'est par l'importance que Grégoire XIII mit à assurer à jamais l'exécution du canon du concile relatif à la fête de Pâques, qu'il entreprit sa réformation.

Tous les embarras de ce calendrier sont venus de ce qu'il fut commencé dans un temps où, par ignorance

de l'année solaire, on étoit forcé de se régler sur la lune, et de ce qu'ensuite, lorsqu'on eut une connoissance moins inexacte du cours du soleil, on ne voulut pas renoncer tout-à-fait à l'année lunaire, pour ne point déranger l'ordre des fêtes réglées primitivement sur la lune.

Rien de plus simple que l'année civile, qui depuis long-temps est purement solaire ; rien de plus inutilement compliqué que l'année ecclésiastique qui est luni-solaire.

Ce n'est pas que le calendrier français soit lui-même à l'abri de tout reproche, ni qu'il ait toute la perfection désirable, perfection qu'il étoit si facile de lui donner, s'il eut été l'ouvrage de la raison tranquille.

Il a deux défauts essentiels :

Le premier et le plus grave est la règle prescrite pour les sextiles, qu'on a fait dépendre du cours vrai et inégal du soleil, au lieu de les placer à des intervalles fixes. Il en résulte que sans être un peu astronome on ne peut savoir précisément le nombre des jours qu'on doit donner à chaque année, et que tous les astronomes réunis seroient, en certaines circonstances, assez embarrassés pour déterminer à quel jour telle année doit commencer ; ce qui a lieu quand l'équinoxe arrive tout près de minuit.

Il n'existe encore aucun instrument, aucun moyen assez précis pour lever le doute en ces circonstances ; la décision dépendroit de savoir à quelles tables astronomiques on donneroit la préférence, et ces tables changent perpétuellement.

Ce défaut, peu sensible pour les contemporains, a les conséquences les plus graves pour la chronologie : il pourroit toutefois se corriger avec facilité ; il suffiroit de supprimer l'art. III de la loi qui a réglé ce calendrier, et d'ordonner qu'à commencer de l'an XVI, les sextiles se succédassent de quatre ans en quatre ans, les années séculaires de quatre cents ans en quatre cents ans.

Cette correction réclamée par les géomètres et les astronomes, avoit été accueillie par Romme, l'un des principaux auteurs du calendrier; il en avoit fait la matière d'un rapport et d'un projet de loi, imprimé et distribué le jour même de la mort de son auteur, et que cette raison seule a empêché d'être présenté à la Convention.

Mais un défaut plus important du calendrier français est dans l'époque assignée pour le commencement de l'année. On auroit dû, pour contrarier moins nos habitudes et les usages reçus, le fixer au solstice d'hiver, ou bien à l'équinoxe du printemps, c'est-à-dire au passage du soleil par le point d'où tous les astronomes de tous les temps et de tous les pays ont compté les mouvemens célestes.

On a préféré l'équinoxe d'automne pour éterniser le souvenir d'un changement qui a inquiété toute l'Europe; qui, loin d'avoir l'assentiment de tous les Français, a signalé nos discordes civiles; et c'est du nouveau calendrier qu'ont daté en même tems la gloire de nos camps et les malheurs de nos cités.

Il n'en falloit pas davantage pour faire rejetter éternellement ce calendrier par toutes les nations rivales, et même par une partie de la nation française.

C'est la sage objection qu'on fit dans le tems, et qu'on fit en vain aux auteurs du calendrier : « Vous avez, » leur disoit-on, l'ambition de faire adopter un jour par » tous les peuples votre système des poids et mesures, » et pour cela vous ménagez tous les amours-propres. » Rien dans ce système ne laissera voir qu'il est l'ou- » vrage des Français. Vous faites choix d'un module qui » appartient également à toutes les nations.

« Eh bien ! il existe en Europe et en Amérique une » mesure universelle qui ne doit pas plus appartenir à » une nation qu'à aucune autre, et dont toutes, presque » toutes du moins, sont convenues; c'est la mesure du » temps, et vous voulez la détruire; et vous mettez à la » place une Ere qui a pour origine une époque particu- » lière de votre histoire, époque qui n'est pas jugée, et » sur laquelle les siècles seuls prononceront.

» Les Français eux-mêmes, ajoutoit-on, divisés » d'opinion sur l'institution que vous voulez consacrer, » résisteront à l'établissement de votre calendrier. Il » sera repoussé par tous les peuples qui cesseront de » vous entendre, et que vous n'entendrez plus, à moins » que vous n'ayez deux calendriers à-la-fois, ce qui est » beaucoup plus incommode que d'en avoir qu'un seul, » fut-il plus mauvais encore que le calendrier nouveau ».

Cette prédiction, Messieurs, s'est accomplie, nous avons en effet deux calendriers en France. Le calendrier français n'est employé que dans les actes du Gouvernement, ou dans les actes civils, publics ou particuliers qui sont réglés par la loi; dans les relations sociales le calendrier romain est resté en usage; dans l'ordre religieux il est nécessairement suivi, et la double date est ainsi constamment employée.

Si pourtant, Messieurs, ce calendrier avoit la perfection qui lui manque, si les deux vices essentiels que j'ai relevés plus haut ne s'y trouvoient pas, S. M. I. et R. ne se seroit pas décidée à en proposer l'abrogation.

Elle eût attendu du temps, qui fait triompher la raison des préjugés, la vérité de la prévention, l'utilité de la routine, l'occasion de faire adopter par toute l'Europe, par tous les peuples civilisés, un meilleur système de mesure des années, comme on peut se flatter qu'elle adoptera un jour un meilleur système de mesure des espaces et des choses.

Mais les défauts de notre calendrier ne lui permettoient pas d'aspirer à l'honneur de devenir le calendrier européen. Ses auteurs n'ont pas profité des leçons qu'après l'histoire, les savans contemporains leur avoient données. Il faut, quand on veut travailler pour le monde et les siècles, oublier le jour que l'on compte, le lieu où l'on est, les hommes qui nous entourent; il faut ne consulter que la sagesse, ne céder qu'à la raison, ne voir que l'avenir.

En méconnoissant ces principes, on ne fait que montrer des institutions passagères auxquelles l'opinion résiste, que l'habitude combat même chez le peuple pour qui elles sont faites, et qu'au dehors la raison repousse comme une innovation sans utilité, comme une difficulté à vaincre, sans bienfait à recueillir.

Le calendrier grégorien, auquel S. M. vous propose, Messieurs, de revenir, a l'avantage inappréciable d'être commun à presque tous les peuples de l'Europe.

Long-temps à la vérité les Protestans le repoussèrent; les Anglais, en haine du culte romain, l'ont rejeté jusqu'en 1753; les Russes ne le reconnoissent pas encore: mais tel qu'il est, il peut être regardé comme le calendrier commun de l'Europe, tandis que le nôtre nous mettoit pour ainsi dire en scission avec elle, et en opposition avec nous mêmes; puisque le calendrier grégorien étoit resté en concurrence avec le nouveau, puisqu'il étoit constamment dans nos usages et dans nos mœurs, quand le calendrier français n'étoit que dans nos lois et nos actes publics.

Dans cette position, Messieurs, S. M. a cru qu'il vous appartenoit de rendre à la France, pour ses actes constitutionnels, législatifs et civils, l'usage du calendrier qu'elle n'a pas cessé d'employer en concurrence avec celui qui lui fut donné en 1793, et dont l'abrogation de la division décimale avoit fait disparoître les principaux avantages.

Quand vous aurez consacré le principe, les détails d'application seront réglés suivant les besoins du Gouvernement et de l'administration.

Un jour viendra, sans doute, où l'Europe calmée, rendue à la paix, à ses conceptions utiles, à ses études savantes, sentira le besoin de perfectionner ses institutions sociales, de rapprocher les peuples, en leur rendant ces institutions communes; où elle voudra marquer une Ere mémorable par une manière générale et plus parfaite de mesurer le temps.

Alors un nouveau calendrier pourra se composer pour l'Europe entière, pour l'univers politique et commerçant, des débris perfectionnés de celui auquel la France renonce en ce moment, afin de ne pas s'isoler au milieu de l'Europe: alors les travaux de nos savans se trouveront préparés d'avance, et le bienfait d'un système commun sera encore leur ouvrage.

Rapport fait au sénat dans sa séance du 22 fructidor an XIII, par M. le sénateur LAPLACE, au nom d'une commission spéciale nommée dans sa séance du 15, pour l'examen du projet de sénatus-consulte portant rétablissement du calendrier grégorien.

SÉNATEURS,

Le projet de sénatus-consulte qui vous a été présenté dans la dernière séance, et sur lequel vous allez délibérer, a pour but de rétablir en France le calendrier grégorien, à compter du 11 nivose prochain, 1er. janvier 1806. Il ne s'agit point ici d'examiner quel est de tous les calendriers possibles, le plus naturel et le plus simple. Nous dirons seulement que ce n'est ni celui qu'on veut abandonner, ni celui que l'on propose de reprendre. L'orateur du Gouvernement vous a développé avec beaucoup de soin, leurs inconvéniens et leurs avantages. Le principal défaut du calendrier actuel est dans son mode d'intercalation. En fixant le commencement de l'année, au minuit qui précède, à l'Observatoire de Paris, l'équinoxe vrai d'automne, il remplit, à la vérité, de la manière la plus rigoureuse, la condition d'attacher constamment à la même saison l'origine des années; mais alors elles cessent d'être des périodes du temps, régulières et faciles à décomposer en jours, ce qui doit répandre de la confusion sur la chronologie, déjà trop embarrassée par la multitude des Eres. Les astronomes, pour qui ce défaut est très-sensible, en ont plusieurs fois sollicité la réforme. Avant que la première année bissextile s'introduisit dans le nouveau calendrier, ils proposèrent au comité d'instruction publique de la convention nationale d'adopter une intercalation régulière, et leur demande fut accueillie favorablement. A cette époque, la convention revenue

à de bons principes, et s'occupant de l'instruction et du progrès des lumières, montrait aux savans une considération et une déférence dont ils conservent le souvenir. Ils se rappelleront toujours avec une vive reconnoissance, que plusieurs de ses membres, par un noble dévouement au milieu des orages de la révolution, ont préservé d'une destruction totale les monumens des sciences et des arts. Romme, principal auteur du nouveau calendrier, convoqua plusieurs savans; il rédigea, de concert avec eux, le projet d'une loi par laquelle on substituoit un mode régulier d'intercalation, au mode précédemment établi; mais enveloppé peu de jours après dans un événement affreux, il périt, et son projet de loi fut abandonné. Il faudroit cependant y revenir, si l'on conservoit le calendrier actuel qui, changé par là, dans un de ses élémens les plus essentiels, offriroit toujours l'irrégularité d'une première bissextile placée dans la troisième année. La suppression des decades lui a fait éprouver un changement plus considérable. Elles donnoient la facilité de retrouver à tous les instans, le quantième du mois; mais à la fin de chaque année, les jours complémentaires troubloient l'ordre de choses, attaché aux divers jours de la décade; ce qui nécessitoit alors des mesures administratives. L'usage d'une petite période indépendante des mois et des années, telle que la semaine, obvie à cet inconvenient; et déjà l'on a rétabli en France cette période, qui depuis la plus haute antiquité dans laquelle se perd son origine, circule sans interruption à travers les siècles, en se mêlant aux calendriers successifs des différens peuples.

Mais le plus grave inconvénient du nouveau calendrier, est l'embarras qu'il produit dans nos relations extérieures, en nous isolant, sous ce rapport, au milieu de l'Europe; ce qui subsisteroit toujours; car nous ne devons pas espérer que ce calendrier soit jamais universellement admis. Son époque est uniquement relative à notre histoire; l'instant où son année commence, est placé d'une manière désavantageuse, en ce qu'il partage et répartit sur deux années, les mêmes opérations et les mêmes travaux: il a les inconvéniens qu'introduiroit dans la vie civile, le jour commençant à midi suivant l'usage des astronomes. D'ailleurs, cet instant se rapporte au seul méridien de Paris. En voyant chaque peuple compter de son principal observatoire, les longitudes géographiques, peut-on croire qu'ils s'accorderont tous à rapporter au nôtre le commencement de leur année? Il a fallu deux siècles, et toute l'influence de la religion, pour faire adopter généralement le calendrier grégorien. C'est dans cette universalité si désirable, si difficile à obtenir, et qu'il importe de conserver lorsqu'elle est acquise, que consiste son plus grand avantage. Ce calendrier est maintenant celui de presque tous les peuples d'Europe et d'Amérique: il fut longtemps celui de la France; présentement il règle nos fêtes religieuses, et c'est d'après lui que nous comptons les siècles. Sans doute il a plusieurs défauts considérables: la longueur de ses mois est inégale et bisarre; l'origine de l'année n'y correspond à celle d'aucune des saisons; mais il remplit bien le principal objet d'un calendrier, en se décomposant facilement en jours et en conservant à très-peu près le commencement de l'année moyenne, à la même distance de l'équinoxe. Son mode d'intercalation est commode et simple. Il se réduit, comme on sait, à intercaler une bissextile, tous les quatre ans; à la supprimer à la fin de chaque siècle, pendant trois siècles consécutifs, pour la rétablir au quatrième; et si en suivant cette analogie, on supprime encore une bissextile tous les quatre mille ans, il sera fondé sur la vraie longueur de l'année. Mais dans son état actuel, il faudroit quarante siècles pour éloigner seulement d'un jour, l'origine de l'année moyenne, de sa véritable origine. Aussi les savans Français n'ont jamais cessé d'y assujétir leurs tables astronomiques, devenues par leur extrême précision la base des éphémérides de toutes les nations éclairées.

On pourroit craindre que le retour à l'ancien calendrier ne fût bientôt suivi du rétablissement des anciennes mesures. Mais l'orateur du Gouvernement a pris soin lui-même de dissiper cette crainte. Comme lui, nous sommes persuadés que loin de rétablir le nombre prodigieux des mesures différentes qui couvroient le sol de la France, et entravoient son commerce intérieur, le Gouvernement, bien convaincu de l'utilité d'un système unique de mesures et de la perfection du système métrique, prendra les moyens les plus efficaces pour en accélérer l'usage, et pour vaincre la résistance que lui opposent encore les anciennes habitudes, qui déjà s'effacent de jour en jour.

D'après toutes ces considérations, votre commission vous propose à l'unanimité, l'adoption du projet de sénatus-consulte, présenté par le Gouvernement.

Décret Impérial sur le mode d'exécution du Sénatus-Consulte qui rétablit l'usage du Calendrier Grégorien.

Du 24 fructidor an XIII.

NAPOLÉON, Empereur des Français, Roi d'Italie ;

Notre Conseil-d'État entendu,

Nous avons décrété et décretons ce qui suit :

Article Ier. Les comptabilités de l'an XIV, tant en recette qu'en dépense, pour les divers départemens du ministère, pour toutes les administrations des revenus publics, pour les départemens de l'Empire, pour les municipalités, pour les travaux publics, pour les établissemens de bienfaisance, pour ceux d'instruction publique, pour les maisons de détention, et en général pour toutes les branches d'administration publique, nationale, départementale ou municipale, contiendront 1°. les mois et jours compris entre le 1er. vendémiaire an XIV, 23 septembre 1805, et le 10 nivose an XIV, 31 décembre 1805 inclusivement, formant 3 mois et 10 jours, ou 100 jours en tout ; 2°. les 12 mois de l'an 1806.

II. Le budget de l'État se réglera, en recette et en dépense, pour 15 mois, à compter du 1er. vendémiaire prochain.

III. Les rôles des contributions foncière, mobiliaire, somptuaire, des patentes, portes et fenêtres, dressés pour l'an XIV, et tous rôles de contributions extraordinaires, communales ou départementales, serviront pour jusqu'au 31 décembre 1806 inclusivement, en y ajoutant proportionnellement la somme à laquelle les contributions devront être portées, d'après la prolongation de la durée de l'exercice, et la perception se fera sur les mêmes rôles. Il n'en sera dressé de nouveaux que pour l'an 1807.

IV. Les registres de l'état civil seront arrêtés par les Municipalités au 10 nivose, 31 décembre prochain, au soir, et elles continueront de se servir de ces mêmes registres pour l'an 1806 entier, en mentionnant seulement le commencement de l'année au 1er. janvier, et employant, à compter de ce jour le calendrier grégorien.

V. Il ne sera rien changé, quant à présent, au payement des rentes dues par l'État.

VI. Nos Ministres sont chargés de l'exécution du présent Décret, qui sera inséré au Bulletin des lois.

OBSERVATIONS *sur les Tables de la concordance, et manière de s'en servir.*

Les tables de la Concordance sont disposées de manière à trouver sur-le-champ quelle est la date de l'un des deux calendriers qui correspond à telle autre date quelconque de l'autre calendrier.

La 1.re colonne indique le quantième des jours du calendrier Equinoxial. La 2.e rappelle le nom des mois du calendrier Grégorien qui y correspondent.

Les douze colonnes suivantes indiquent,

1°. Les années du calendrier Equinoxial, en commençant par l'an 2, et suivant jusqu'à l'an 13 inclusivement (1). Par exemple, en examinant la 3.e colonne du mois de Vendémiaire, on trouve, en tête de cette colonne, AN 2, et au-dessous 1793 : ce qui signifie qu'au mois de Vendémiaire, l'an 2 correspondoit à l'an 1793 ; il en est de même pour chacune des colonnes suivantes.

2°. L'année du calendrier Grégorien qui, suivant le mois, correspond à l'année du calendrier Equinoxial.

Elles contiennent en outre les quantièmes du mois et les jours de la semaine. Le commencement de chaque mois est indiqué par une étoile qui renvoie à la 2.e colonne où le nom du mois est énoncé.

Chaque ligne horisontale donne la Concordance des deux Calendriers, ainsi qu'il est facile de s'en convaincre par l'exemple suivant :

La 1.re ligne de la table du mois de Vendémiaire indique que le 1.er Vendémiaire correspondoit ;

En l'an 2 au dimanche 22 Septembre 1793 ;

En l'an 3, au lundi 22 Septembre 1794 ;

(1) La Concordance de l'an XIV est indiquée séparément sur le dernier *tableau.*

En l'an 4, au mercredi 23 Septembre 1795 ;

Et ainsi de suite pour toutes les colonnes.

En l'an 3, le 1.er Vendémiaire arrivant comme en l'an 2, le 22 Septembre, on a cru inutile de répéter le quantième dans cette seconde colonne, Ainsi le quantième du calendrier Grégorien indiqué dans une colonne, sert pour les colonnes suivantes, lorsque le mois du calendrier Equinoxial se trouve commencer au même quantième du calendrier Grégorien que l'année précédente. Un exemple ou deux suffiront, pour faciliter les recherches.

Veut-on savoir quel jour de la semaine arrivoit et à quelle date du calendrier Equinoxial correspondoit le 9 Octobre 1799 ? on cherche ce mois dans la 2.e colonne, on le trouve commençant à celle du mois Vendémiaire.

La 9.e colonne de cette table indique l'an 8 et 1799.

Descendant jusqu'au 9 Octobre, il se trouve être un mercredi.

Et se reportant horisontalement jusqu'à la 1.re colonne, on trouve le nombre 17.

Ce qui indique que le 9 Octobre 1799, tomboit un mercredi, et correspondoit au 17 Vendémiaire an 8.

Veut-on savoir à quelle date du calendrier Grégorien correspondoit le 11 frimaire an 13 ? on parcourt les tables jusqu'au mois de frimaire. On voit, par la 2.e colonne, que ce mois corespondoit à la fin de Novembre et au commencement de Décembre. Puis, partant horisontalement de la date du 11 frimaire, 1.re colonne, on va jusqu'à la dernière, en tête de laquelle se trouve AN 13, 1804, et l'on trouve que le 11 frimaire an 13 tomboit un Dimanche, et correspondoit au 2 Décembre 1804.

Jours de Vendémiaire.	Mois du Calendrier Grégorien.	AN 2 et 1793.	AN 3 et 1794.	AN 4 et 1795.	AN 5 et 1796.	an 6 et 1797.	AN 7 et 1798.	AN 8 et 1799.	AN 9 et 1800.	AN 10 et 1801.	AN 11 et 1802.	AN 12 et 1803.	AN 13 et 1804.
1	Septembre.	22 Dim.	lund.	23 mer.	22 jeu.	vend.	same.	23 lun.	mard.	merc.	jeud.	24 sam.	23 Dim.
2		23 lun.	mard.	24 jeu.	23 ven.	same.	Dim.	24 mar	merc.	jeud.	vend.	25 Dim.	24 lun.
3		24 mar.	merc.	25 ven.	24 sam	Dim.	lund.	25 mer.	jeud.	vend.	same.	26 luu.	25 mar.
4		25 mer.	jeud.	26 sam.	25 Dim.	lund.	mard.	26 jeu.	vend.	same.	Dim.	27 mar.	26 mer.
5		26 jeu.	vend.	27 Dim.	26 lun.	mard.	merc.	27 ven	same.	Dim.	lund.	28 mer.	27 jeu.
6		27 ven.	same.	28 lun.	27 mar.	merc.	jeud.	28 sam	Dim.	lund.	mard.	29 jeu.	28 ven.
7		28 sam.	Dim.	29 mar.	28 mer.	jeud.	vend.	29 Dim	lund.	mard.	merc.	30 ven.	29 sam.
8		29 Dim.	lund.	30 mer.	29 jeu.	vend.	same.	30 lun.	mard.	merc.	jeud.	*1 sam.	30 Dim.
9		30 lun.	mard.	*1 jeu.	30 ven.	same.	Dim.	*1 mar.	* mer.	* jeud.	* ven.	2 Dim.	*1 lun.
10		*1 mar.	* merc.	2 ven.	*1 sam.	* Dim.	* lun.	2 mer.	jeud.	vend.	same.	3 lun.	2 mar.
11	* Octobre.	2 mer.	jeud.	3 sam.	2 Dim.	lund.	mard.	3 jeu.	vend.	same.	Dim.	4 mar.	3 mer.
12		3 jeu.	vend.	4 Dim.	3 lun.	mard.	merc.	4 ven	same.	Dim.	lund.	5 mer.	4 jeu.
13		4 ven.	same.	5 lun.	4 mar.	merc.	jeud.	5 sam.	Dim.	lund.	mard.	6 jeu.	5 ven.
14		5 sam	Dim.	6 mar.	5 mer.	jeud.	vend.	6 Dim	lund.	mard.	merc.	7 ven.	6 sam.
15		6 Dim.	lund.	7 mer.	6 jeu.	vend.	same.	7 lun.	mard.	merc.	jeud.	8 sam.	7 Dim.
16		7 lun.	mard.	8 jeu.	7 ven.	same.	Dim.	8 mar.	merc.	jeud.	vend.	9 Dim.	8 lun.
17		8 mar.	merc.	9 ven.	8 sam.	Dim.	lund.	9 mer.	jeud.	vend.	same.	10 lun.	9 mar.
18		9 mer.	jeud.	10 sam.	9 Dim.	lund.	mard.	10 jeu.	vend.	same.	Dim.	11 mar.	10 mer.
19		10 jeu.	vend.	11 Dim.	10 lun.	mard.	merc.	11 ven.	same.	Dim.	lund.	12 mer.	11 jeu.
20		11 ven.	same.	12 lun.	11 mar.	merc.	jeud.	12 sam.	Dim.	lund.	mard.	13 jeu.	12 ven.
21		12 sam.	Dim.	13 mar.	12 mer.	jeud.	vend.	13 Dim.	lund.	mard.	merc.	14 ven	13 sam.
22		13 Dim.	lund.	14 mer.	13 jeu.	vend.	same.	14 lun.	mard.	merc.	jeud.	15 sam.	14 Dim.
23		14 lun.	mard.	15 jeu.	14 ven.	same.	Dim.	15 mar.	merc.	jeud.	vend.	16 Dim.	15 lun.
24		15 mar.	merc.	16 ven.	15 sam.	Dim.	lund.	16 mer.	jeud.	vend.	same.	17 lun.	16 mar.
25		16 mer.	jeud.	17 sam.	16 Dim.	lund.	mard.	17 jeu.	vend.	same.	Dim.	18 mar.	17 mer.
26		17 jeu.	vend.	18 Dim.	17 lun.	mard.	merc.	18 ven.	same.	Dim.	lund.	19 mer.	18 jeu.
27		18 ven.	same.	19 lun.	18 mar.	merc.	jeud.	19 sam.	Dim.	lund.	mard.	20 jeu.	19 ven.
28		19 sam.	dim.	20 mar.	19 mer.	jeud.	vend.	20 Dim.	lund.	mard.	merc.	21 ven.	20 sam.
29		20 Dim.	lund.	21 mer.	20 jeu.	vend.	same.	21 lun.	mard.	merc.	jeud.	22 sam.	21 Dim
30		21 lun.	mard.	22 jeu.	21 ven.	same.	Dim.	22 mar.	merc.	jeud.	vend.	23 Dim.	22 lun.

Jours de Brumaire.	Mois du Calendrier Grégorien.	AN 2. et 1793.	AN 3. et 1794.	AN 4 et 1795.	AN 5 et 1796.	AN 6 et 1797.	AN 7 et 1798.	AN 8. et 1799.	AN 9. et 1800.	AN 10 et 1801.	AN 11 et 1802.	AN 12. et 1803.	AN 13 et 1804..
1	Octobre.	22 mar.	merc.	23 ven.	22 sam.	Dim.	lund.	23 mer.	jeud.	vend.	same.	24 lun.	23 mar.
2		23 mer.	jeud.	24 sam.	23 Dim.	lund.	mard.	24 jeu.	vend.	same.	Dim.	25 mar.	24 mer.
3		24 jeu.	vend.	25 Dim.	24 lun.	mard.	merc.	25 ven.	sarue.	Dim.	lund.	26 mer.	25 jeu.
4		25 ven.	same.	26 lun.	25 mar.	merc.	jeud.	26 sam.	Dim.	lund.	mard.	27 jeu.	26 ven.
5		26 sam.	Dim.	27 mar.	26 mer.	jeud.	vend.	27 Dim.	lund.	mard.	merc.	28 ven.	27 sam.
6		27 Dim.	lund.	28 mer.	27 jeu.	vend.	same.	28 lun.	mar.	merc.	jeud.	29 sam.	28 Dim.
7		28 lun.	mard.	29 jeu.	28 ven.	same.	Dim.	29 mar.	mer.	jeud.	vend.	30 Dim.	29 lun.
8		29 mar.	merc.	30 ven.	29 sam.	Dim.	lund.	30 mer.	jeud.	vend.	same.	31 lun.	30 mar.
9		30 mer.	jeud.	31 sam.	30 Dim.	lund.	mard.	31 jeu.	vend.	same.	Dim.	*1 mar.	31 mer.
10		31 jeu.	vend.	*1 Dim.	31 lun.	mard.	merc.	*1 ven.	* same.	* Dim.	* lund.	2 mer.	*1 jeu.
11	* Novembre.	*1 ven.	* sam.	2 lun.	*1 mar.	* mer.	* jeud.	2 sam.	Dim.	lund.	mard.	3 jeu.	2 ven.
12		2 sam.	Dim.	3 mar.	2 mer.	jeud.	vend.	3 Dim.	lund.	mard.	merc.	4 ven.	3 sam.
13		3 Dim.	lund.	4 mer.	3 jeu.	vend.	same.	4 lun.	mard.	merc.	jeud.	5 sam.	4 Dim.
14		4 lun.	mard.	5 jeu.	4 ven.	same.	Dim.	5 mar.	merc.	jeud.	vend.	6 Dim.	5 lun.
15		5 mar.	merc.	6 ven.	5 sam.	Dim.	lund.	6 mer.	jeud.	vend.	same.	7 lun.	6 mar.
16		6 mer.	jeud.	7 sam.	6 Dim.	lund.	mard.	7 jeu.	vend.	same.	Dim.	8 mar.	7 mer.
17		7 jeu.	vend.	8 Dim.	7 lun.	mard.	merc.	8 ven.	same.	Dim.	lund.	9 mer.	8 jeu.
18		8 ven.	same.	9 lun.	8 mar.	merc.	jeud.	9 sam.	Dim.	lund.	mard.	10 jeu.	9 ven.
19		9 sam.	Dim.	10 mar.	9 mer.	jend.	vend.	10 Dim.	lund.	mard.	merc.	11 ven.	10 sam.
20		10 Dim.	lund.	11 mer.	10 jeu.	vend.	same.	11 lun.	mard.	merc.	jeud.	12 sam.	11 Dim.
21		11 lun.	mard.	12 jeu.	11 ven.	same.	Dim.	12 mar.	merc.	jeud.	vend.	13 Dim.	12 lun.
22		12 mar.	merc.	13 ven.	12 sam.	Dim.	lund.	13 mer.	jend.	vend.	same.	14 lun.	13 mar.
23		13 mer.	jeud.	14 sam.	13 Dim.	lund.	mard.	14 jeu.	vend.	same.	Dim.	15 mar.	14 mer.
24		14 jeu.	vend.	15 Dim.	14 lun.	mard.	merc.	15 ven.	same.	Dim.	lund.	16 mer.	15 jeu.
25		15 ven.	same.	16 lun.	15 mar.	merc.	jeud.	16 sam.	Dim.	lund.	mard.	17 jeu.	16 ven.
26		16 sam.	Dim.	17 mar.	16 mer.	jeud.	vend.	17 Dim.	lund.	mard.	merc.	18 ven.	17 sam.
27		17 Dim.	lund.	18 mer.	17 jeu.	same.	same.	18 lun.	mard.	merc.	jeud.	19 sam.	18 dim.
28		18 lun.	mard.	19 jeu.	18 ven.	same.	Dim.	19 mar.	merc.	jeud.	vend.	20 Dim.	19 lun.
29		19 mar.	merc.	20 ven.	19 sam.	Dim.	lund.	20 mer.	jeud.	vend.	same.	21 lun.	20 mar.
30		20 mer.	jeud.	21 sam.	20 Dim.	lund.	mard.	21 jeu.	vend.	same.	Dim.	22 mar.	21 mer.

FRIMAIRE, 3.e mois D'AUTOMNE.

Jours de Frimaire.	Mois du Calendrier Grégorien.	AN 2 et 1793.	AN 3 et 1794.	AN 4 et 1795.	AN 5 et 1796.	AN 6 et 1797.	AN 7 et 1798.	AN 8 et 1799.	AN 9 et 1800.	AN 10 et 1801.	AN 11 et 1802.	AN 12 et 1803.	AN 13 et 1804.
1	Novembre.	21 jeu.	vend.	22Dim.	21 lun.	mard.	merc.	22 ven.	same.	Dim.	lund.	23 mer.	22 jeu.
2		22 ven.	same.	23 lun.	22 mar.	merc.	jeud.	23 sam.	Dim.	lund.	mard.	24 jeu.	23 ven.
3		23 sam.	Dim.	24 mar.	23 mer.	jeud.	vend.	24Dim.	lund.	mard.	merc.	25 ven.	24 sam.
4		24Dim.	lund.	25 mer.	24 jeu.	vend.	same.	25 lun.	mard.	merc.	jeud.	26 sam.	25Dim.
5		25 lun.	mard.	26 jeu.	25 ven.	same.	Dim.	26 mar.	merc.	jeud.	vend.	27Dim.	26 lun.
6		26 mar.	merc.	27 ven.	26 sam.	Dim.	lund.	27 mer.	jeud.	vend.	same.	28 lun.	27 mar.
7		27 mer.	jeud.	28 sam.	27Dim.	lund.	mard.	28 jeu.	vend.	same.	Dim.	29 mar.	28 mer.
8		28 jeu.	vend.	29Dim.	28 lun.	mard.	merc.	29 ven.	same.	Dim.	lund.	30 mer.	29 jeu.
9		29 ven.	same.	3o lun.	29 mar.	merc.	jeud.	3o sam.	Dim.	lund.	mard.	*1 jeu.	3o ven.
10		3o sam.	Dim.	*1 mar.	3o mer.	jeud.	veud.	*1Dim.	* lund.	* mard.	* merc.	2 ven.	*1 sam.
11	* Décembre.	*1Dim.	* lund.	2 mer.	*1 jeu.	* vend.	* sam.	2 lun.	mard.	merc.	jeud.	3 sam.	2Dim.
12		2 lun.	mard.	3 jeu.	2 ven.	same.	Dim.	3 mar.	merc.	jeud.	vend.	4Dim.	3 lun.
13		3 mar.	merc.	4 ven.	3 sam.	Dim.	lund.	4 mer.	jeud.	vend.	same.	5 lun.	4 mar.
14		4 mer.	jeud.	5 sam.	4Dim.	lund.	mard.	5 jeu.	vend.	same.	Dim.	6 mar.	5 mer.
15		5 jeu.	vend.	6Dim.	5 lun.	mard.	merc.	6 ven.	same.	Dim.	lund.	7 mer.	6 jeu.
16		6 ven.	same.	7 lun.	6 mar.	merc.	jeud.	7 sam.	Dim.	lund.	mard.	8 jeu.	7 ven.
17		7 sam.	Dim.	8 mar.	7 mer.	jeud.	vend.	8Dim.	lund.	mard.	merc.	9 ven.	8 sam.
18		8Dim.	lund.	9 mer.	8 jeu.	vend.	same.	9 lun.	mard.	merc.	jeud.	10 sam.	9Dim.
19		9 lun.	mard.	10 jeu.	9 ven.	same.	Dim.	10 mar.	merc.	jeud.	vend.	11Dim.	10 lun.
20		10 mar.	merc.	11 ven.	10 sam.	Dim.	lund.	11 mer.	jeud.	vend.	same.	12 lun.	11 mar.
21		11 mer.	jeud.	12 sam.	11Dim.	lund.	mard.	12 jeu.	vend.	same.	Dim.	13 mar.	12 mer.
22		12 jeu.	vend.	13Dim.	12 lun.	mard.	merc.	13 ven.	same.	Dim.	lund.	14 mer.	13 jeu.
23		13 ven.	same.	14 lun.	13 mar.	merc.	jeud.	14 sam.	Dim.	lund.	mard.	15 jeu.	14 ven.
24		14 sam.	Dim.	15 mar.	14 mer.	jeud.	vend.	15Dim.	lund.	mard.	merc.	16 ven.	15 sam.
25		15Dim.	lund.	16 mer.	15 jeu.	vend.	same.	16 lun.	mard.	merc.	jeud.	17 sam.	16Dim.
26		16 lun.	mard.	17 jeu.	16 ven.	same.	Dim.	17 mar.	merc.	jeud.	veud.	18Dim.	17 lun.
27		17 mar.	merc.	18 ven.	17 sam.	Dim.	lund.	18 mer.	jeud.	vend.	same.	19 lun.	18 mar.
28		18 mer.	jeud.	19 sam.	18Dim.	lund.	mard.	19 jeu.	vend.	same.	Dim.	20 mar.	19 mer.
39		19 jeu.	vend.	20Dim.	19 lun.	mard.	merc.	20 ven.	same.	Dim.	lund.	21 mer.	20 jeu.
30		20 ven.	same.	21 lun.	20 mar.	merc.	jeud.	21 sam.	Dim.	lund.	mard.	22 jeu.	21 ven.

NIVOSE.

Jours de Nivose.	Mois du Calendrier Grégorien.	AN 2 et 1793.	AN 3 et 1794.	AN 4 et 1795.	AN 5 et 1796.	AN 6 et 1797.	AN 7 et 1798.	AN 8 et 1799.	AN 9 et 1800.	AN 10 et 1801.	AN 11 et 1802.	AN 12 et 1803.	AN 13 et 1804.
1		21 sam.	Dim.	22 mar.	21 mer.	jeud.	vend.	22Dim.	lund.	mard.	merc.	23 ven.	22 sam.
2		22Dim.	lund.	23 mer.	22 jeu.	vend.	same.	23 lun.	mard.	merc.	jeud.	24 sam.	23Dim.
3		23 lun.	mard.	24 jeu.	23 ven.	same.	Dim.	24 mar.	merc.	jeud.	vend.	25Dim.	24 lun.
4		24 mar.	merc.	25 ven.	24 sam.	Dim.	lund.	25 mer.	jeud.	vend.	same.	26 lun.	25 mar.
5	Décembre.	25 mer.	jeud.	26 sam.	25Dim.	lund.	mard.	26 jeu.	vend.	same.	Dim.	27 mar.	26 mer.
6		26 jeu.	vend.	27Dim.	26 lun.	mard.	merc.	27 ven.	same.	Dim.	lund.	28 mer.	27 jeu.
7		27 ven.	same.	28 lun.	27 mar.	merc.	jeud.	28 sam.	Dim.	lund.	mard.	29 jeu.	28 ven.
8		28 sam.	Dim.	29 mar.	28 mer.	jeud.	vend.	29Dim.	lund.	mard.	merc.	30 ven.	29 sam.
9		29Dim.	lund.	3o mer.	29 jeu.	vend.	same.	30 lun.	mard.	merc.	jeud.	31 sam.	3oDim.
10		3o lun.	mard.	31 jeu.	3o ven.	same.	Dim.	31 mar.	merc.	jeud.	vend.	*1Dim.	31 lun.
11		31 mar.	merc.	*1 ven.	31 sam.	Dim.	lund.	*1 mer.	*jeud.	*vend.	*sam.	2 lun.	*1 mar.
12		*1 mer.	*jeud.	2 sam.	*1Dim.	*lund.	*mard.	2 jeu.	vend.	same.	Dim.	3 mar.	2 mer.
13	* Janvier.	2 jeud.	vend.	3Dim.	2 lun.	mard.	merc.	3 ven.	same.	Dim.	lund.	4 mer.	3 jeu.
14		3 ven.	same.	4 lun.	3 mar.	merc.	jeud.	4 sam.	Dim.	lund.	mard.	5 jeu.	4 ven.
15		4 sam.	Dim.	5 mar.	4 mer.	jeud.	vend.	5Dim.	lund.	mard.	merc.	6 ven.	5 sam.
16		5Dim.	lund.	6 mer.	5 jeu.	vend.	same.	6 lun.	mard.	merc.	jeud.	7 sam.	6Dim.
17		6 lun.	mard.	7 jeu.	6 ven.	same.	Dim.	7 mar.	merc.	jeudi.	vend.	8Dim.	7 lun.
18		7 mar.	merc.	8 ven.	7 sam.	Dim.	lund.	8 mer.	jeud.	vend.	same.	9 lun.	8 mar.
19		8 mer.	jeud.	9 sam.	8Dim.	lund.	mard.	9 jeu.	vend.	same.	Dim.	10 mar.	9 mer.
20		9 jeu.	vend.	1oDim.	9 lun.	mard.	merc.	10 ven.	same.	Dim.	lund.	11 mer.	10 jeu.
21		10 ven.	same.	11 lun.	1o mar.	merc.	jeud.	11 sam.	Dim.	lund.	mard.	12 jeu.	11 ven.
22		11 sam.	Dim.	12 mar.	11 mer.	jeud.	vend.	12Dim.	lund.	mard.	merc.	13 ven.	12 sam.
23		12Dim.	lund.	13 mer.	12 jeu.	vend.	same.	13 lun.	mard.	merc.	jeud.	14 sam.	13Dim.
24		13 lun.	mard.	14 jeu.	13 ven.	same.	Dim.	14 mar.	merc.	jeud.	vend.	15Dim.	14 lun.
25		14 mar.	merc.	15 ven.	14 sam.	Dim.	lund.	15 mer.	jeud.	vend.	same.	16 lun.	15 mar.
26		15 mer.	jeud.	16 sam.	15Dim.	lund.	mard.	16 jeu.	vend.	same.	Dim.	17 mar.	16 mer.
27		16 jeu.	vend.	17Dim.	16 lun.	mard.	merc.	17 ven.	same.	Dim.	lund.	18 mer.	17 jeu.
28		17 ven.	same.	18 lun.	17 mar.	merc.	jeud.	18 sam.	Dim.	lund.	mard.	19 jeu.	18 ven.
29		18 sam.	Dim.	19 mar.	18 mer.	jeudi.	vend.	19Dim.	lund.	mard.	merc.	20 ven.	19 sam.
30		19Dim.	lund.	20 mer.	19 jeu.	vend.	same.	20 lun.	mard.	merc.	jeud.	21 sam.	20Dim.
		*1794.	*1795.	*1796.	*1797.	*1798.	*1799.	*1800.	*1801.	*1802.	*1803.	*1804.	*1805.

Jours de Pluviose.	Mois du Calendrier Grégorien.	AN 2 et 1794.	AN 3 et 1795.	AN 4 et 1796.	AN 5 et 1797.	AN 6 et 1798.	AN 7 et 1799.	AN 8 et 1800.	AN 9 et 1801.	AN 10 et 1802.	AN 11 et 1803.	AN 12 et 1804.	AN 13 et 1805.
1	Janvier.	20 lun.	mard.	21 jeu.	20 ven.	same.	Dim.	21 mar.	merc.	jeud.	vend.	22 Dim.	21 lun.
2		21 mar.	merc.	22 ven.	21 sam.	Dim.	lund.	22 mer.	jeud.	vend.	same.	23 lun.	22 mar.
3		22 mer.	jeud.	23 sam.	22 Dim.	lund.	mard.	23 jeu.	vend.	same.	Dim.	24 mar.	23 mer.
4		23 jeu.	vend.	24 Dim.	23 lun.	mard.	merc.	24 ven.	same.	Dim.	lund.	25 mer	24 jeu.
5		24 ven.	same.	25 lun.	24 mar.	merc.	jeud.	25 sam.	Dim.	lund.	mard.	26 jeu.	25 ven.
6		25 sam.	Dim.	26 mar.	25 mer.	jeud.	vend.	26 Dim.	lund.	mard.	merc.	27 ven.	26 sam.
7		26 Dim.	lund.	27 mer.	26 jeu.	vend.	same.	27 lun.	mard.	merc.	jeud.	28 sam.	27 Dim.
8		27 lun.	mard.	28 jeu.	27 ven.	same.	Dim.	28 mar.	merc.	jeud.	vend.	29 Dim.	28 lun.
9		28 mar.	merc.	29 ven.	28 sam.	Dim.	lund.	29 mer.	jeud.	vend.	same.	30 lun.	29 mar.
10		29 mer.	jeud.	30 sam.	29 Dim.	lund.	mard.	30 jeu.	vend.	same.	Dim.	31 mar.	30 mer.
11	* Février.	30 jeu.	vend.	31 Dim.	30 lun.	mard.	merc.	31 ven.	same.	Dim.	lund.	*1 mer.	31 jeu.
12		31 ven.	same.	*1 lun.	31 mar.	merc.	jeud.	*1 sam.	* Dim.	* lund.	* mard.	2 jeu.	*1 ven.
13		*1 sam.	* Dim.	2 mar.	*1 mer.	* jeu.	*vend.	2 Dim.	lund.	mard.	merc.	3 ven.	2 sam.
14		2 Dim.	lund.	3 mer.	2 jeu.	vend.	same.	3 lun.	mard.	merc.	jeud.	4 sam.	3 Dim.
15		3 lun.	mard.	4 jeu.	3 ven.	same.	Dim.	4 mar.	merc.	jeud.	vend.	5 Dim.	4 lun.
16		4 mar.	merc.	5 ven.	4 sam.	Dim.	lund.	5 mer.	jeud.	vend.	same.	6 lun.	5 mar.
17		5 mer.	jeud.	6 sam.	5 Dim.	lund.	mard.	6 jeu.	vend.	same.	Dim.	7 mar.	6 mer.
18		6 jeu.	vend.	7 Dim.	6 lun.	mard.	merc.	7 ven.	same.	Dim.	lund.	8 mer.	7 jeu.
19		7 ven.	same.	8 lun.	7 mar.	merc.	jeud.	8 sam.	Dim.	lund.	mard.	9 jeu.	8 ven.
20		8 sam.	Dim.	9 mar.	8 mer.	jeud.	vend.	9 Dim.	lund.	mard.	merc.	10 ven.	9 sam.
21		9 Dim.	lund.	10 mer.	9 jeu.	vend.	same.	10 lun.	mard.	merc.	jeud.	11 sam.	10 Dim.
22		10 lun	mard.	11 jeu.	10 ven.	same.	Dim.	11 mar.	merc.	jeud.	vend.	12 Dim.	11 lun.
23		11 mar.	merc.	12 ven.	11 sam.	Dim.	lund.	12 mer.	jeud.	vend.	same.	13 lun.	12 mar.
24		12 mer.	jeud.	13 sam.	12 Dim.	lund.	mard.	13 jeu.	vend.	same.	Dim.	14 mar.	13 mer.
25		13 jeu.	vend.	14 Dim.	13 lun.	mard.	merc.	14 ven.	same.	Dim.	lund.	15 mer.	14 jeu.
26		14 ven.	same.	15 lun.	14 mar.	merc.	jeud.	15 sam.	Dim.	lund.	mard.	16 jeu.	15 ven.
27		15 sam.	Dim.	16 mar.	15 mer.	jeud.	vend.	16 Dim.	lund.	mard.	merc.	17 ven.	16 sam.
28		16 Dim.	lund.	17 mer.	16 jeu.	vend.	same.	17 lun.	mard.	merc.	jeud.	18 sam.	17 Dim.
29		17 lun.	mard.	18 jeu.	17 ven.	same.	Dim.	18 mar.	merc.	jeud.	vend.	19 Dim.	18 lun.
30		18 mar.	merc.	19 ven.	18 sam.	Dim.	lund.	19 mer.	jeud.	vend.	same.	20 lun.	19 mar.

Jours de Ventose.	Mois du Calendrier Grégorien.	AN 2 et 1794.	AN 3 et 1795.	AN 4 et 1796.	AN 5 et 1797.	AN 6 et 1798.	AN 7 et 1799.	AN 8 et 1800.	AN 9 et 1801.	AN 10 et 1802.	AN 11 et 1803.	AN 12 et 1804.	AN 13 et 1805.
1	Février.	19 mer.	jeud.	20 sam.	19Dim.	lund.	mard.	20 jeu.	vend.	same.	Dim.	21 mar.	20 mer.
2		20 jeu.	vend.	21Dim.	20 lun.	mard.	merc.	21 ven.	same.	Dim.	lund.	22 mer.	21 jeu.
3		21 ven.	same.	22 lun.	21 mar.	merc.	jeud.	22 sam.	Dim.	lund.	mard.	23 jeu.	22 ven.
4		22 sam.	Dim.	23 mar.	22 mer.	jeud.	vend.	23Dim.	lund.	mard.	merc.	24 ven.	23 sam.
5		23Dim.	lund.	24 mer.	23 jeu.	vend.	same.	24 lun.	mard.	merc.	jeud.	25 sam.	24Dim.
6		24 lun.	mard.	25 jeu.	24 ven.	same.	Dim.	25 mar.	merc.	jeud.	vend.	26Dim.	25 lun.
7		25 mar.	merc.	26 ven.	25 sam.	Dim.	lund.	26 mer.	jeud.	vend.	same.	27 lun.	26 mar.
8		26 mer.	jeud.	27 sam.	26Dim.	lund.	mard.	27 jeu.	vend.	same.	Dim.	28 mar.	27 mer.
9		27 jeu.	vend.	28Dim.	27 lun.	mard.	merc.	28 ven.	same.	Dim.	lund.	29 mer.	28 jeu.
10		28 ven.	same.	29 lun.	28 mar.	merc.	jeud.	*1 sain.	* Dim.	* lund.	mard.	*1 jeu.	*1 ven.
11	* Mars.	*1 sam.	* Dim.	*1 mar.	*1 mer.	* jeud.	* ven.	2Dim.	lund.	mard.	* merc.	2 ven.	2 sam.
12		2Dim.	lund.	2 jeu.	2 jeu.	vend.	same.	3 lun.	mard.	merc.	jeud.	3 sam.	3Dim.
13		3 lun.	mard.	3 jeu.	3 ven.	same.	Dim.	4 mar.	merc.	jeud.	vend.	4Dim.	4 lun.
14		4 mar.	merc.	4 ven.	4 sam.	Dim.	lund.	5 mer.	jeud.	vend.	same.	5 lun.	5 mar.
15		5 mer.	jeud.	5 sam.	5Dim.	lund.	mard.	6 jeu.	vend.	same.	Dim.	6 mar.	6 mer.
16		6 jeu.	vend.	6Dim.	6 lun.	mard.	merc.	7 ven.	same.	Dim.	lund	7 mer.	7 jeu.
17		7 ven.	same.	7 lun.	7 mar.	merc.	jeud.	8 sam.	Dim.	lund.	mard.	8 jeu.	8 ven.
18		8 sam.	Dim.	8 mar.	8 mer.	jeud.	vend.	9Dim.	lund.	mard.	merc.	9 ven.	9 sam.
19		9Dim.	lund.	9 mer.	9 jeu.	vend.	same.	10 lun.	mard.	merc.	jeud.	10 sam.	10Dim.
20		10 lun.	mard.	10 jeu.	10 ven.	same.	Dim.	11 mar.	merc.	jeud.	vend.	11Dim.	11 lun.
21		11 mar.	merc.	11 ven.	11 sam.	Dim.	lund.	12 mer.	jeud.	vend.	same.	12 lun.	12 mar.
22		12 mer.	jeud.	12 sam.	12Dim.	lund.	mard.	13 jeu.	vend.	same.	Dim.	13 mar.	13 mer.
23		13 jeu.	vend.	13Dim.	13 lun.	mard.	merc.	14 ven.	same.	Dim.	lund.	14 mer.	14 jeu.
24		14 ven.	same.	14 lun.	14 mar.	merc.	jeud.	15 sam.	Dim.	lund.	mard.	15 jeu.	15 ven.
25		15 sam.	Dim.	15 mar.	15 mer.	jeud.	vend.	16Dim.	lund.	mard.	merc.	16 ven.	16 sam.
26		16Dim.	lund.	16 mer.	16 jeu.	vend.	same.	17 lun.	mard.	merc.	jeud.	17 sam.	17Dim.
27		17 lun.	mard.	17 jeu.	17 ven.	same.	Dim.	18 mar.	merc.	jeud.	vend.	18Dim.	18 lun.
28		18 mar.	merc.	18 ven.	18 sam.	Dim.	lund.	19 mer.	jeud.	vend.	same.	19 lun.	19 mar.
29		19 mer.	jeud.	19 sam.	19Dim.	lund.	mard.	20 jeu.	vend.	same.	Dim.	20 lun.	20 mer.
30		20 jeu.	vend.	20Dim.	20 lun.	mard.	merc.	21 ven.	same.	Dim.	lund.	21 mer.	21 jeu.

GERMINAL.

Jours de Germinal.	Mois du Calendrier Grégorien.	AN 2 et 1794.	AN 3 et 1795.	AN 4 et 1796.	AN 5 et 1797.	AN 6 et 1798.	AN 7 et 1799.	AN 8 et 1800.	AN 9 et 1801.	AN 10 et 1802.	AN 11 et 1803.	AN 12 et 1804.	AN 13 et 1805.
1		21 ven.	same.	lund.	mard.	merc.	jeud.	22 sam.	Dim.	lund.	mard.	jeud.	vend.
2		22 sam.	Dim.	mard.	merc.	jeud.	vend.	23 Dim.	lund.	mard.	merc.	vend.	same.
3	Mars.	23 Dim.	lund.	merc.	jeud.	vend.	same.	24 lun.	mard.	merc.	jeud.	same.	Dim.
4		24 lun.	mard.	jeud.	vend.	same.	Dim.	25 mar.	merc.	jend.	vend.	Dim.	lund.
5		25 mar.	merc.	vend.	same.	Dim.	lund.	26 mer.	jeud.	vend.	same.	lund.	mard.
6		26 mer.	jeud.	same.	Dim.	lund.	mard.	27 jeu.	vend.	same.	Dim.	mard.	merc.
7		27 jeu.	vend.	Dim.	lund.	mard.	merc.	28 ven.	same.	Dim.	lund.	merc.	jeud.
8		28 ven.	same.	lund.	mard.	merc.	jeud.	Dim.	lund.	mard.	jeud.	vend.
9		29 sam.	Dim.	mard.	merc.	jeud.	vend.	30 Dim.	lund.	mard.	merc.	vend.	same.
10		30 Dim.	lund.	merc.	jeud.	vend.	same.	31 lun.	mard.	merc.	jeud.	same.	Dim.
11		31 lun.	mard.	jeud.	vend.	same.	Dim.	*1 mar.	* merc.	* jeud.	*ven.	* Dim.	*lund.
12		*1 mar.	* merc.	* ven.	* sam.	* Dim.	* lund.	2 mer.	jeud.	vend.	same.	lund.	mard.
13	* Avril.	2 mer.	jeud.	same.	Dim.	lund.	mard.	3 jeu.	vend.	same.	Dim.	mard.	merc.
14		3 jeu.	vend.	Dim.	lund.	mard.	merc.	4 ven.	same.	Dim.	lund.	merc.	jeud.
15		4 ven.	same.	lund.	mard.	merc.	jeud.	5 sam.	Dim.	luud.	mard.	jeud.	vend.
16		5 sam.	Dim.	mard.	merc.	jeud.	vend.	6 Dim.	lund.	mard.	merc.	vend.	same.
17		6 Dim.	lund.	merc.	jeud.	vend.	same.	7 lun.	mard.	merc.	jend.	same.	Dim.
18		7 lun.	mard.	jeud.	vend.	same.	Dim.	8 mar.	merc.	jeudi.	vend.	Dim.	lund.
19		8 mar.	merc.	vend.	same.	Dim.	lund.	9 mer.	jeud.	vend.	same.	lund.	mard.
20		9 mer.	jeud.	same.	Dim.	lund.	mard.	10 jeu.	vend.	same.	Dim.	mard.	merc.
21		10 jeu.	vend.	Dim.	lund.	mard.	merc.	11 ven.	same.	Dim.	lund.	merc.	jeud.
22		11 ven.	same.	lund.	mard.	merc.	jeud.	12 sam.	Dim.	lund.	mard.	merc.	jeud.
23		12 sam.	Dim.	mard.	merc.	jeud.	vend.	13 Dim.	lund.	mard.	merc.	vend.	same.
24		13 Dim.	lund.	merc.	jeud.	vend.	same.	14 lun.	mard.	merc.	jeud.	same.	Dim.
25		14 lun.	mard.	jeud.	vend.	same.	Dim.	15 mar.	merc.	jeud.	vend.	Dim.	lund.
26		15 mar.	merc.	vend.	same.	Dim.	lund.	16 mer.	jeud.	vend.	same.	lund.	mard.
27		16 mer.	jeud.	same.	Dim.	lund.	mard.	17 jeu.	vend.	same.	Dim.	mard.	merc.
28		17 jeu.	vend.	Dim.	lund.	mard.	merc.	18 ven.	same.	Dim.	lund.	merc.	jeud.
29		18 ven.	same.	lund.	mard.	merc.	jeud.	19 sam.	Dim.	lund.	mard.	jeud.	veud.
30		19 sam.	Dim.	mard.	merc.	jeudi.	vend.	20 Dim.	lund.	mard.	merc.	vend.	same.

Jours de Floréal.	Mois du Calendrier Grégorien.	AN 2 et 1794.	AN 3 et 1795.	AN 4 et 1796.	AN 5 et 1797.	an 6 et 1798.	AN 7 et 1799.	AN 8 et 1800.	AN 9 et 1801.	AN 10 et 1802.	AN 11 et 1803.	AN 12 et 1804.	AN 13 et 1805.
1	Avril.	20 Dim.	lund.	merc.	jeud.	vend.	same.	21 lun.	mard.	merc.	jeud.	same.	Dim.
2		21 lun.	mard.	jeud.	vend.	same.	Dim.	22 mar.	merc.	jeud.	vend.	Dim.	lund.
3		22 mar.	merc.	vend.	same.	Dim.	lund.	23 mer.	jeud.	vend.	same.	lund.	mard.
4		23 mer.	jeud.	same.	Dim.	lund.	mard.	24 jeu.	vend.	same.	Dim.	mard.	merc.
5		24 jeu.	vend.	Dim.	lund.	mard.	merc.	25 ven.	same.	Dim.	lund.	merc.	jeud.
6		25 ven.	same.	lund.	mard.	merc.	jeud.	26 sam.	Dim.	lund.	mard.	jeud.	vend.
7		26 sam.	Dim.	mard.	merc.	jeud.	vend.	27 Dim.	lund.	mard.	merc.	vend.	same.
8		27 Dim.	lund.	merc.	jeud.	vend.	same.	28 lun.	mard.	merc.	jeud.	same.	Dim.
9		28 lun.	mard.	jeud.	vend.	same.	Dim.	29 mar.	merc.	jeud.	vend.	Dim.	lund.
10		29 mar.	merc.	vend.	same.	Dim.	lund.	30 mer.	jeud.	vend.	same.	lund.	mard.
11	* Mai.	30 mer.	jeud.	same.	Dim.	lund.	mard.	*1 jeu.	* vend.	* same.	*Dim.	*mard.	*merc.
12		*1 jeud.	* vend.	* Dim.	* lund.	* mard.	* merc.	2 ven.	same.	Dim.	lund.	merc.	jeud.
13		2 ven.	same.	lund.	mard.	merc.	jeud.	3 sam.	Dim.	lund.	mard.	jeud.	vend.
14		3 sam.	Dim.	mard.	merc.	jeud.	vend.	4 Dim.	lund.	mard.	merc.	vend.	same.
15		4 Dim.	lund.	merc.	jeud.	vend.	same.	5 lun.	mard.	merc.	jeud.	same.	Dim.
16		5 lun.	mard.	jeud.	vend.	same.	Dim.	6 mar.	merc.	jeud.	vend.	Dim.	lund.
17		6 mar.	merc.	vend.	same.	Dim.	lund.	7 mer.	jeud.	vend.	same.	lund.	mard.
18		7 mer.	jeud.	same.	Dim.	lund.	mard.	8 jeu.	vend.	same.	Dim.	mard.	merc.
19		8 jeu.	vend.	Dim.	lund.	mard.	merc.	9 ven.	same.	Dim.	lund.	merc.	jeud.
20		9 ven.	same.	lund.	mard.	merc.	jeud.	10 sam.	Dim.	lund.	mard.	jeud.	vend.
21		10 sam.	Dim.	mard.	merc.	jeud.	vend.	11 Dim.	lund.	mard.	merc.	vend.	same.
22		11 Dim.	lund.	merc.	jeud.	vend.	same.	12 lun.	mard.	merc.	jeud.	same.	Dim.
23		12 lun.	mard.	jeud.	vend.	same.	Dim.	13 mar.	merc.	jeud.	vend.	Dim.	lund.
24		13 mar.	merc.	vend.	same.	Dim.	lund.	14 mer.	jeud.	vend.	same.	lund.	mard.
25		14 mer.	jeud.	same.	Dim.	lund.	mard.	15 jeu.	vend.	same.	Dim.	mard.	merc.
26		15 jeu.	vend.	Dim.	lund.	mard.	merc.	16 ven.	same.	Dim.	lund.	merc.	jeud.
27		16 ven.	same.	lund.	mard.	merc.	jeud.	17 sam.	Dim.	lund.	mard.	jeud.	vend.
28		17 sam.	Dim.	mard.	merc.	jeud.	vend.	18 Dim.	lund.	mard.	merc.	vend.	same.
29		18 Dim.	lund.	merc.	jeud.	vend.	same.	19 lun.	mard.	merc.	jeud.	same.	Dim.
30		19 lun.	mard.	jeud.	vend.	same.	Dim.	20 mar.	merc.	jeud.	vend.	Dim.	lund.

Jours de Prairial.	Mois du Calendrier Grégorien.	AN 2. et 1794.	AN 3. et 1795.	AN 4. et 1796.	AN 5. et 1797.	AN 6. et 1798.	AN 7. et 1799.	AN 8. et 1800.	AN 9. et 1801.	AN 10 et 1802.	AN 11 et 1803.	AN 12. et 1804.	AN 13 et 1805.
1	Mai.	20 mar.	merc.	vend.	same.	Dim.	lund.	21 mer.	jeud.	vend.	same.	lund.	mard.
2		21 mer.	jeud.	same.	Dim.	lund.	mard.	22 jeu.	vend.	same.	Dim.	mard.	merc.
3		22 jeu.	vend.	Dim.	lund.	mard.	merc.	23 ven.	same.	Dim.	lund.	merc.	jeud.
4		23 ven.	same.	lund.	mard.	merc.	jeud.	24 sam.	Dim.	lund.	mard.	jeud.	vend.
5		24 sam.	Dim.	mard.	merc.	jeud.	vend.	25 Dim.	lund.	mard.	merc.	vend.	same.
6		25 Dim.	lund.	merc.	jeud.	vend.	same.	26 lun.	mar.	merc.	jeud.	same.	Dim.
7		26 lun.	mard.	jeud.	vend.	same.	Dim.	27 mar.	mer.	jeud.	vend.	Dim.	lund.
8		27 mar.	merc.	vend.	same.	Dim.	lund.	28 mer.	jeud.	vend.	same.	lund.	mard.
9		28 mer.	jeud.	same.	Dim.	lund.	mard.	29 jeu.	vend.	same.	Dim.	mard.	merc.
10		29 jeu.	vend.	Dim.	lund.	mard.	merc.	30 ven.	same.	Dim.	lund.	merc.	jeud.
11	* Juin.	30 ven.	same.	lund.	mard.	merc.	jeud.	31 sam.	Dim.	lund.	mard.	jeud.	vend.
12		31 sam.	Dim.	mard.	merc.	jeud.	vend.	* 1 Dim.	* lund.	* mard	* mer.	* ven.	* sam.
13		* 1 Dim.	* lund.	* merc.	* jeud.	* vend.	* same.	2 lun.	mard.	merc.	jeud.	same.	Dim.
14		2 lun.	mard.	jeud.	vend.	same.	Dim.	3 mar.	merc.	jeud.	vend.	Dim.	lund.
15		3 mar.	merc.	vend.	same.	Dim.	lund.	4 mer.	jeud.	vend.	same.	lund.	mard.
16		4 mer.	jeud.	same.	Dim.	lund.	mard.	5 jeu.	vend.	same.	Dim.	mard.	merc.
17		5 jeu.	vend.	Dim.	lund.	mard.	merc.	6 ven.	same.	Dim.	lund.	merc.	jeud.
18		6 ven.	same.	lund.	mard.	merc.	jeud.	7 sam.	Dim.	lund.	mard.	jeud.	vend.
19		7 sam.	Dim.	mard.	merc.	jeud.	vend.	8 Dim.	lund.	mard.	merc.	vend.	same.
20		8 Dim.	lund.	merc.	jeud.	vend.	same.	9 lun.	mard.	merc.	jeud.	same.	Dim.
21		9 lun.	mard.	jeud.	vend.	same.	Dim.	10 mar.	merc.	jeud.	vend.	Dim.	lund.
22		10 mar.	merc.	vend.	same.	Dim.	lund.	11 mer.	jeud.	vend.	same.	lund.	mard.
23		11 mer.	jeud.	same.	Dim.	lund.	mard.	12 jeu.	vend.	same.	Dim.	mard.	merc.
24		12 jeu.	vend.	Dim.	lund.	mard.	merc.	13 ven.	same.	Dim.	lund.	merc.	jeud.
25		13 ven.	same.	lund.	mard.	merc.	jeud.	14 sam.	Dim.	lund.	mard.	jeud.	veud.
26		14 sam.	Dim.	mard.	merc.	jeud.	vend.	15 Dim.	lund.	mard.	merc.	vend.	same.
27		15 Dim.	lund.	merc.	jeud.	veud.	same.	16 lun.	mard.	merc.	jeud.	same.	dim.
28		16 lun.	mard.	jeud.	vend.	same.	Dim.	17 mar.	merc.	jeud.	vend.	Dim.	lund.
29		17 mar.	merc.	vend.	same.	Dim.	lund.	18 mer.	jeud.	vend.	same.	lund.	mard.
30		18 mer.	jeud.	same.	Dim.	lund.	mard.	19 jeu.	vend.	same.	Dim.	mard.	merc.

Jours de Messidor.	Mois du Calendrier Grégorien.	AN 2 et 1794.	AN 3 et 1795.	AN 4 et 1796.	AN 5 et 1797.	AN 6 et 1798.	AN 7 et 1799.	AN 8 et 1800.	AN 9 et 1801.	AN 10 et 1802.	AN 11 et 1803.	AN 12 et 1804.	AN 13 et 1805.
1	Juin	19 jeu.	vend.	Dim.	lund.	mard.	merc.	20 ven.	same.	Dim.	lund.	merc.	jeud.
2		20 ven.	same.	lund.	mard.	merc.	jeud.	21 sam.	Dim.	lund.	mard.	jeud.	vend.
3		21 sam.	Dim.	mard.	merc.	jeud.	vend.	22Dim.	lund.	mard.	merc.	vend.	same.
4		22Dim.	lund.	merc.	jeud.	vend.	same.	23 lun.	mard.	merc.	jeud.	same.	Dim.
5		23 lun.	mard.	jeud.	vend.	same.	Dim.	24 mar.	merc.	jeud.	vend.	Dim.	lund.
6		24 mar.	merc.	vend.	same.	Dim.	lund.	25 mer.	jeud.	vend.	same.	lund.	mard.
7		25 mer.	jeud.	same.	Dim.	lund.	mard.	26 jeu.	vend.	same.	Dim.	mard.	merc.
8		26 jeu.	vend.	Dim.	lund.	mard.	merc.	27 ven.	same.	Dim.	lund.	merc.	jeud.
9		27 ven.	same.	lund.	mard.	merc.	jeud.	28 sam.	Dim.	lund.	mard.	jeud.	vend.
10		28 sam.	Dim.	mard.	merc.	jeud.	vend.	29Dim.	lund.	mard.	merc.	veud.	same.
11	*Juillet	29Dim.	lund.	merc.	jeud.	vend.	same.	30 lun.	mard.	merc.	jeud.	same.	Dim.
12		30 lun.	mard.	jeud.	vend.	same.	Dim.	*1 mar.	*merc.	*jeud.	*vend.	*Dim.	*lund.
13		*1 mar.	*merc.	*ven.	*sam.	*Dim.	*lund.	2 mer.	jeud.	vend.	same.	lund.	mard.
14		2 mer.	jeud.	same.	Dim.	lund.	mard.	3 jeu.	vend.	same.	Dim.	mard.	merc.
15		3 jeu.	vend.	Dim.	lund.	mard.	merc.	4 ven.	same.	Dim.	lund.	merc.	jeud.
16		4 ven.	same.	lund.	mard.	merc.	jeud.	5 sam.	Dim.	lund.	mard.	jeud.	vend.
17		5 sam.	Dim.	mard.	merc.	jeud.	vend.	6Dim.	lund.	mard.	merc.	vend.	same.
18		6Dim.	lund.	merc.	jeud.	vend.	same.	7 lun.	mard.	merc.	jeud.	same.	Dim.
19		7 lun.	mard.	jeud.	vend.	same.	Dim.	8 mar.	merc.	jeud.	vend.	Dim.	lund.
20		8 mar.	merc.	vend.	same.	Dim.	lund.	9 mer.	jeud.	vend.	same.	lund.	mard.
21		9 mer.	jeud.	same.	Dim.	lund.	mard.	10 jeu.	vend.	same.	Dim.	mard.	merc.
22		10 jeu.	vend.	Dim.	lund.	mard.	merc.	11 ven.	same.	Dim.	lund.	merc.	jeud.
23		11 ven.	same.	lund.	mard.	merc.	jeud.	12 sam.	Dim.	lund.	mard.	jeud.	vend.
24		12 sam.	Dim.	mard.	merc.	jeud.	vend.	13Dim.	lund.	mard.	merc.	vend.	same.
25		13Dim.	lund.	merc.	jeud.	vend.	same.	14 lun.	mard.	merc.	jeud.	same.	Dim.
26		14 lun.	mard.	jeud.	vend.	same.	Dim.	15 mar.	merc.	jeud.	vend.	Dim.	lund.
27		15 mar.	merc.	vend.	same.	Dim.	lund.	16 mer.	jeud.	vend.	same.	lund.	mard.
28		16 mer.	jeud.	same.	Dim.	lund.	mard.	17 jeu.	vend.	same.	Dim.	mard.	merc.
29		17 jeu.	vend.	Dim.	lund.	mard.	merc.	18 ven.	same.	Dim.	lund.	merc.	jeud.
30		18 veu.	same.	lund.	mard.	merc.	jeud.	19 sam.	Dim.	lund.	mard.	jeud.	vend.

Jours de Thmidor.	Mois du Calendrier Grégoifv.	AN 2 et 1794.	AN 3 et 1795.	AN 4 et 1796.	AN 5 et 1797.	AN 6 et 1798.	AN 7 et 1799.	AN 8 et 1800.	AN 9 et 1801.	AN 10 et 1802.	AN 11 et 1803.	AN 12 et 1804.	AN 13 et 1805.
1	Juillet	19 sam.	Dim.	mard.	merc.	jeud.	vend.	20 Dim.	lund.	mard.	merc.	vend.	same.
2		20 Dim.	lund.	merc.	jeud.	same.	same.	21 lun.	mard.	merc.	jeud.	same.	Dim.
3		21 lun.	mard.	jeud.	vend.	same.	Dim.	22 mar.	merc.	jeud.	vend.	Dim.	lund.
4		22 mar.	merc.	vend.	same.	Dim.	lund.	23 mer.	jeud.	vend.	same.	lund.	mard.
5		23 mer.	jeud.	same.	Dim.	lund.	mard.	24 jeu.	vend.	same.	Dim.	mard.	merc.
6		24 jeu.	vend.	Dim.	lund.	mard.	merc.	25 ven.	same.	Dim.	lund.	merc.	jeud.
7		25 ven.	same.	lund.	mard.	merc.	jeud.	26 sam.	Dim.	lund.	mard.	jeud.	vend.
8		26 sam.	Dim.	mard.	merc.	jeud.	vend.	27 Dim.	lund.	mard.	merc.	vend.	same.
9		27 Dim.	lund.	merc.	jeud.	vend.	same.	28 lun.	mard.	merc.	jeud.	same.	Dim.
10		28 lun.	mard.	jeud.	vend.	same.	Dim.	29 mar.	merc.	jeud.	vend.	Dim.	lund.
11	Août	29 mar.	merc.	vend.	same.	Dim.	lund.	30 mer.	jeud.	vend.	same.	lund.	mard.
12		30 mer.	jeud.	same.	Dim.	lund.	mard.	31 jeu.	vend.	same.	Dim.	mard.	merc.
13		31 jeu.	vend.	Dim.	lund.	mard.	merc.	*1 ven.	same.	Dim.	*lund.	*merc.	* jeud.
14	*	*1 ven.	* sam.	*lund.	*mard.	*merc.	* jeud.	2 sam.	Dim.	lund.	mard.	jeud.	vend.
15		2 sam.	Dim.	mard.	merc.	jeud.	vend.	3 Dim.	lund.	mard.	merc.	vend.	same.
16		3 Dim.	lund.	merc.	jeud.	vend.	same.	4 lun.	mard.	merc.	jeud.	same.	Dim.
17		4 lun.	mard.	jeud.	vend.	same.	Dim.	5 mar.	merc.	jeud.	vend.	Dim.	lund.
18		5 mar.	merc.	vend.	same.	Dim.	lund.	6 mer.	jeud.	vend.	same.	lund.	mard.
19		6 mer.	jeud.	same.	Dim.	lund.	mard.	7 jeu.	vend.	same.	Dim.	mard.	merc.
20		7 jeu.	vend.	Dim.	lund.	mard.	merc.	8 ven.	same.	Dim.	lund	merc.	jeud.
21		8 ven.	same.	lund.	mard.	merc.	jeud.	9 sam.	Dim.	lund.	mard.	jeud.	vend.
22		9 sam.	Dim.	mard.	merc.	jeud.	vend.	10 Dim.	lund.	mard.	merc.	vend.	same.
23		10 Dim.	lund.	merc.	jeud.	vend.	same.	11 lun.	mard.	merc.	jeud.	same.	Dim.
24		11 lun.	mard.	jeud.	vend.	same.	Dim.	12 mar.	merc.	jeud.	vend.	Dim.	lund.
25		12 mar.	merc.	vend.	same.	Dim.	lund.	13 mer.	jeud.	vend.	same.	lund.	mard.
26		13 mer.	jeud.	same.	Dim.	lund.	mard.	14 jeu.	vend.	same.	Dim.	mard.	merc.
27		14 jeu.	vend.	Dim.	lund.	mard.	merc.	15 ven.	same.	Dim.	lund.	merc.	jeud.
28		15 ven.	same.	lund.	mard.	merc.	jeud.	16 sam.	Dim.	lund.	mard.	jeud.	vend.
29		16 sam.	Dim.	mard.	merc.	jeud.	vend.	17 Dim.	lund.	mard.	merc.	vend.	sam.
30		17 Dim.	lund.	merc.	jeud.	vend.	same.	18 lun.	mard.	merc.	jeud.	same.	Dim.

FRUCTIDOR,

Jours de Fructid.	Mois du Calend. Grégoor.	AN 2 et 1794.	AN 3 et 1795.	AN 4 et 1796.	AN 5 et 1797.	AN 6 et 1798.	AN 7 et 1799.	AN 8 et 1800.	AN 9 et 1801.	AN 10 et 1802.	AN 11 et 1803.	AN 12 et 1804.	AN 13 et 1805.
1	Août.	18 lun.	mard.	jeud.	vend.	same.	Dim.	19 mar.	merc.	jeud.	vend.	Dim.	lund.
2		19 mar.	merc.	vend.	same.	Dim.	lund.	20 mer.	jeud.	vend.	same.	lund.	mard.
3		20 mer.	jeud.	same.	Dim.	lund.	mard.	21 jeu.	vend.	same.	Dim.	mard.	merc.
4		21 jeu.	vend.	Dim.	lund.	mard.	merc.	22 ven.	same.	Dim.	lund.	merc.	jeud.
5		22 ven.	same.	lund.	mard.	merc.	jeud.	23 sam.	Dim.	lund.	mard.	jeud.	vend.
6		23 sam.	Dim.	mard.	merc.	jeud.	vend.	24 Dim.	lund.	mard.	merc.	vend.	same.
7		24 Dim.	lund.	merc.	jeud.	vend.	same.	25 lun.	mard.	merc.	jeud.	same.	Dim.
8		25 lun.	mard.	jeud.	vend.	same.	Dim.	26 mar.	merc.	jeud.	vend.	Dim.	lund.
9		26 mar.	merc.	vend.	same.	Dim.	lund.	27 mer.	jeud.	vend.	same.	lund.	mard.
10		27 mer.	jeud.	same.	Dim.	lund.	mard.	28 jeu.	vend.	same.	Dim.	mard.	merc.
11	* Septembre.	28 jeu.	vend.	Dim.	lund.	mard.	merc.	29 ven.	same.	Dim.	lund.	merc.	jeud.
12		29 ven.	same.	lund.	mard.	merc.	jeud.	30 sam.	Dim.	lund.	mard.	jeud.	vend.
13		30 sam.	Dim.	mard.	merc.	jeud.	vend.	31 Dim.	lund.	mard.	merc.	vend.	same.
14		31 Dim.	lund.	merc.	jeud.	vend.	same.	*1 lun.	*mard.	*merc.	*jeud.	*same.	*Dim.
15		*1 lun.	*mard.	*jeud.	*vend.	*sam.	*Dim.	2 mar.	merc.	jeud.	vend.	Dim.	lund.
16		2 mar.	merc.	vend.	same.	Dim.	lund.	3 mer.	jeud.	vend.	same.	lund.	mard.
17		3 mer.	jeud.	same.	Dim.	lund.	mard.	4 jeu.	vend.	same.	Dim.	mard.	merc.
18		4 jeu.	vend.	Dim.	lund.	mard.	merc.	5 ven.	same.	Dim.	lund.	merc.	jeud.
19		5 ven.	same.	lund.	mard.	merc.	jeud.	6 sam.	Dim.	lund.	mard.	jeud.	vend.
20		6 sam.	Dim.	mard.	merc.	jeud.	vend.	7 Dim.	lund.	mard.	merc.	vend.	same.
21		7 Dim.	lund.	merc.	jeud.	vend.	same.	8 lun.	mard.	merc.	jeud.	same.	Dim.
22		8 lun	mard.	jeud.	vend.	same.	Dim.	9 mar.	merc.	jeud.	vend.	Dim.	lund.
23		9 mar.	merc.	vend.	same.	Dim.	lund.	10 mer.	jeud.	vend.	same.	lund.	mard.
24		10 mer.	jeud.	same.	Dim.	lund.	mard.	11 jeu.	vend.	same.	Dim.	mard.	merc.
25		11 jeu.	vend.	Dim.	lund.	mard.	merc.	12 ven.	same.	Dim.	lund.	merc.	jeud.
26		12 ven.	same.	lund.	mard.	merc.	jeud.	13 sam.	Dim.	lund.	mard.	jeud.	vend.
27		13 sam.	Dim.	mard.	merc.	jeud.	vend.	14 Dim.	lund.	mard.	merc.	vend.	same.
28		14 Dim.	lund.	merc.	jeud.	vend.	same.	15 lun.	mard.	merc.	jeud.	same.	Dim.
29		15 lun.	mard.	jeud.	vend.	same.	Dim.	16 mar.	merc.	jeud.	veud.	Dim.	lund.
30		16 mar.	merc.	vend.	same.	Dim.	lund.	17 mer.	jeud.	vend.	same.	lund.	mard.
Jours complémentaires. 1	Septembre.	17 merc.	jeud.	sam.	Dim.	lund.	mard.	17 jeud.	vend.	same.	Dim.	mard.	merc.
2		18 jeud.	vend.	Dim.	lund.	mard.	mecr.	18 ver.	same.	Dim.	lund.	mer.	jeud.
3		19 vend.	same.	lun.	mard.	merc.	jeud.	19 sam.	Dim.	lund.	mard.	jeud.	vend.
4		20 same.	Dim.	mar.	merc.	jeud.	vend.	20 Dim.	lund.	mard.	merc.	vend.	same.
5		21 Dim.	lund.	merc.	jeud.	vend.	same.	22 lund.	mard.	merc.	jeud.	same.	Dim.
6			22 mard.				Dim.				23 ven.		

VENDÉMIAIRE.		BRUMAIRE.		FRIMAIRE.		NIVOSE.		OBSERVATION IMPORTANTE.
1 lund.	23	1 merc.	23	1 vend.	22	1 Dim.	22	Pour connoître le temps qui s'est écoulé
2 mard.	24	2 jeud.	24	2 sam.	23	2 lund.	23	entre une date donnée du style Equinoxial et
3 merc.	25	3 vend.	25	3 Dim.	24	3 mard.	24	une date quelconque du style Gregorien, pos-
4 jeud.	26	4 sam.	26	4 lund.	25	4 merc.	25	térieure à la suppression du calendrier Equi-
5 vend.	27	5 Dim.	27	5 mard.	26	5 jeud.	26	noxial, il suffit de chercher à quelle date du
								calendrier Grégorien répond la date donnée du
6 sam.	28	6 lund.	28	6 merc.	27	6 vend.	27	style Equinoxial, et de partir de cette dernière
7 Dim.	29	7 mard.	29	7 jeud.	28	7 sam.	28	pour arriver jusqu'à celle où l'on veut s'arrêter.
8 lund.	30	8 merc.	30	8 vend.	29	8 Dim.	29	Ainsi veut-on savoir à quelle date écherra une
9 mard.	1	9 jeud.	31	9 sam.	30	9 lund.	30	obligation souscrite le 11 brumaire an 12 et
10 merc.	2	10 veud.	1	10 Dim.	1	10 mard.	31	payable dans neuf ans? on cherchera à quelle
11 jeud.	3	11 sam.	2	11 lund.	2			date du calendrier Grégorien correspond le 11
12 vend.	4	12 Dim.	3	12 mard.	3			brumaire an 12, et après avoir trouvé qu'il
13 sam.	5	13 lund.	4	13 merc.	4			répond au 3 novembre 1803, on en concluera
14 Dim.	6	14 mard.	5	14 jeud.	5			que l'obligation est payable au 3 novembre 1812.
15 lund.	7	15 merc.	6	15 vend.	6			
16 mard.	8	16 jeud.	7	16 sam.	7			
17 merc.	9	17 vend.	8	17 Dim.	8			
18 jeud.	10	18 sam.	9	18 lund.	9			
19 vend.	11	19 Dim.	10	19 mard.	10			
20 sam.	12	20 lund.	11	20 merc.	11			
21 Dim.	13	21 mard.	12	21 jeud.	12			
22 lund.	14	22 merc.	13	22 vend.	13			
23 mard.	15	23 jeud.	14	23 sam.	14			
24 merc.	16	24 vend.	15	24 Dim.	15			
25 jeud.	17	25 sam.	16	25 lund.	16			
26 vend.	18	26 Dim.	17	26 mard.	17			
27 sam.	19	27 lund.	18	27 merc.	18			
28 Dim.	20	28 mard.	19	28 jeud.	19			
29 lund.	21	29 merc.	20	29 vend.	20			
30 mard.	22	30 jeud.	21	30 sam.	21			

Septembre 1805. Octobre. — Octobre 1805. Novembre. — Novembre 1805. Décembre. — Décembre 1805.

A V I S.

CETTE Concordance est extraite de l'*Annuaire du département de la Seine*, pour l'an XIII—1805. Le calendrier de cet Annuaire est le seul qui commençant au 1er. vendémiaire an XIII, soit continué jusqu'au 1er. janvier 1806, et par conséquent sera le seul qui ne laissera point de lacune entre le nouveau calendrier et la reprise de l'ancien à cette époque.

L'Annuaire suivant paroîtra au 1er, janvier 1806. On y trouvera :

1º. Un Traité des calendriers, almanachs, Annuaires ; différentes Observations sur les levers et couchers du soleil; la longueur des jours et des nuits au 1er. de chaque mois ; l'âge, le lever et le coucher de la lune ; les éclipses de 1806; les équinoxes et les solstices ; les jours caniculaires ; le comput ecclésiastique ; les 4 temps ou les 4 saisons de l'année, les fêtes mobiles et celles conservées par suite du Concordat, etc., etc, .

2º. Des Notions chronologiques, sur les époques, les périodes, les ères, les olympiades, l'hégire des turcs, etc.; enfin, d'après M. Bossuet, un tableau des 7 âges du monde, et des événemens remarquables d'où datent les grandes époques de l'Histoire, avec la distinction des années, depuis la création, avant ou après la fondation de Rome, et la naissance de J. C.

3º. Une Chronologie historique des Rois de France, depuis le règne de Théodemer, en l'an 418, jusqu'à la fin de celui de Louis XVI. Cette Chronologie est extraite pour tout ce qui précède l'an 1771 , de l'*Art de vérifier les dates*, ouvrage rare et précieux composé par plusieurs Savans Bénédictins de la congrégation de St.-Maur, et regardé comme le plus authentique que nous ayions sur cette matière. Pour les années postérieures à l'an 1770, on a suivi les ouvrages les plus exacts qui ont été publiés depuis l'*Art de vérifier les dates*. — On y a ajouté une Notice des événemens les plus remarquables de la Révolution française indiqués sous les deux dates de l'ancien et du nouveau calendrier, ainsi que ceux qui ont eu lieu sous le Consulat de BONAPARTE jusqu'à l'établissement de l'Empire français.

4º. Sous le titre d'*Annales* ou *Fastes*, un mémorial historique et chronologique des événemens mémorables, et principalement de ceux dont la Capitale est le théâtre ou l'objet, les lois , décrets, sénatus-consultes d'un intérêt général, ou qui se rapportent particulièrement à la ville de Paris ou au département de la Seine, à compter de l'établissement de l'Empire.

5º. La Statistique du Département, considéré sous ses différens rapports physiques, civils, militaires, etc.

6º. La nomenclature et la composition de toutes les Autorités civiles militaires, etc., et administrations locales du Département.

7º, L'indication des maisons et des personnes les plus avantageusement connues par leur commerce ou leur industrie.

8º. Des renseignemens nouveaux et intéressans sur plusieurs sociétés, établissemens, manufactures, établies à Paris depuis plusieurs années.

9º. Un état des nouveaux poids, mesures et monnoies comparés avec les anciens, établi avec la plus exacte précision, et disposé de manière que les personnes qui ne sont habituées qu'aux calculs simples, pourront saisir facilement toute la correspondance des différentes valeurs comparatives.

Les Administrateurs, Directeurs, Entrepreneurs d'établissemens publics ou particuliers, qui désirent faire insérer quelques notes ou renseignemens sur leur établissement, dans l'Annuaire de 1806, sont invités à les faire parvenir au plutôt (port franc) à M. Allard, Auteur de l'*Annuaire*, à l'adresse ci-dessous.

Les Personnes qui souscriront pour l'Annuaire de l'an 1806, d'ici au 1er. nivose, jouiront d'une remise sur le prix de l'ouvrage.

La souscription n'exige point d'avance de fonds, il suffit de faire connoître que l'on est dans l'intention de s'abonner.

Les souscriptions seront reçues 1º. chez l'AUTEUR, rue Culture-Ste.-Catherine, hôtel Carnavalet, n. 27, ou au Bureau de la Direction des Contributions , tous les jours ordinaires, depuis 10 h. du matin jusqu'à 4 h. après-midi.

2º, A l'IMPRIMERIE BIBLIOGRAPHIQUE, rue Gît-le-Cœur, nº. 78